Isaac Asimov

guide pour observer le ciel

texte français de Robert Giraud

bibliothèque de l'univers

Père Castor
Flammarion

Sommaire

Introduction	3
Un spectacle toujours nouveau	5
Commençons par notre voisine	6
Un décor pour chaque saison	9
Les étoiles du printemps	10
Les étoiles de l'été	12
Les étoiles de l'automne	14
Les étoiles de l'hiver	16
Les vagabonds du ciel	19
Vénus et Mercure	21
Les planètes externes	22
Du choix d'un instrument d'optique	24
Toujours plus loin	27
Un coup d'œil à l'hémisphère Sud	28
Que lire, que visiter, où se renseigner	30
Lexique	31

Copyright texte © 1989 Nightfall, Inc.
Copyright finitions © 1989 Gareth Stevens, Inc. and Martin Greenberg
Copyright format © 1989 Gareth Stevens, Inc.

Titre original: The Space Spotter's Guide
© 1990 Père Castor-Flammarion
pour la traduction française et la mise en pages

Loi n° 49-956 du 16 juillet 1949 sur les publications destinées à la jeunesse

Introduction

Les hommes, à notre époque,
ont vu la plupart des planètes en gros plan.
Un engin a même atteint, tout récemment, la
lointaine Neptune. Des volcans éteints ont
été repérés sur Mars et d'autres en activité sur
Io, l'un des satellites de Jupiter. Plus loin encore,
nous avons détecté d'étranges objets dont on
n'avait pas la moindre idée auparavant : les
pulsars, les quasars, et même des trous noirs.
Nous avons appris des choses stupéfiantes
sur la façon dont l'Univers a pu se former
et dont il peut finir un jour. C'est une
aventure passionnante.
Bien peu d'entre nous, sûrement,
auront un jour l'occasion d'aller dans l'espace.
Ils ne sont pas nombreux non plus ceux
qui disposent des appareils perfectionnés qui
leur permettraient d'enrichir la science de
nouvelles découvertes. Mais il est à la portée
de chacun d'observer les étoiles avec des
jumelles ou d'autres instruments grossissants,
à condition de s'éloigner suffisamment des
lumières et de la poussière des grandes villes.
Vous apprendrez dans ce guide comment
repérer certaines des merveilles du système
solaire, de notre galaxie et de régions
plus éloignées.

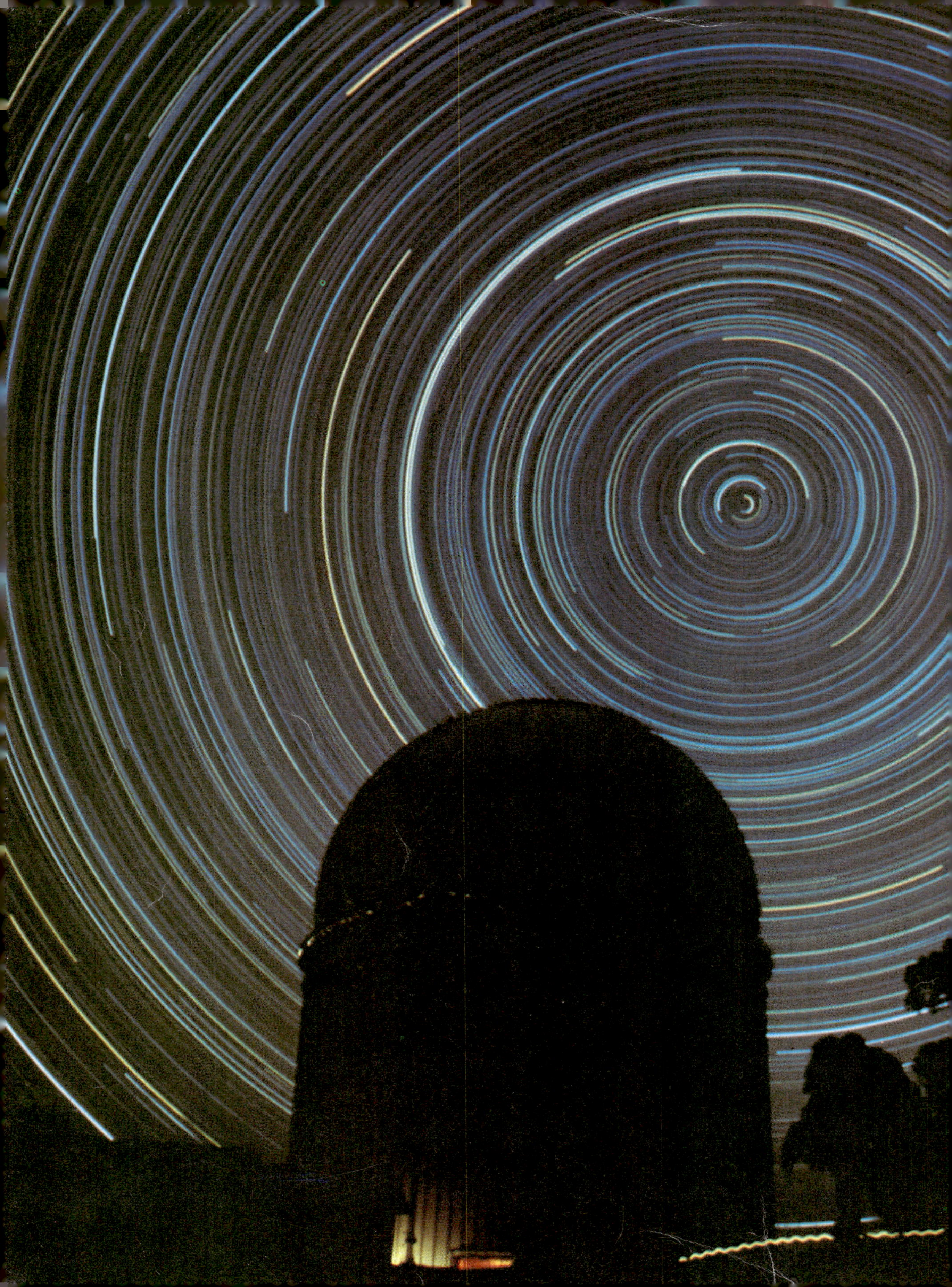

Un spectacle toujours nouveau

Le ciel, tandis que nous l'observons, ne demeure pas immuable. Les étoiles émergent, décrivent posément des cercles autour de l'étoile Polaire, puis disparaissent. Ce phénomène s'explique par la rotation de la Terre autour de son axe. La Polaire est une étoile pratiquement immobile, car elle est située à peu près au-dessus du pôle Nord terrestre. Indiquant en permanence le nord, elle a longtemps servi à guider les navigateurs.
Le spectacle du ciel évolue également d'une nuit à l'autre. La disposition des étoiles, telle qu'on peut l'observer à minuit à une date donnée, ne se reproduira pas exactement l'année suivante à la même date.
La configuration du ciel est différente aussi selon les saisons. Cette dernière évolution est due, elle, au mouvement de la Terre autour du Soleil.

Le Soleil, la Lune et les étoiles semblent tracer des cercles au firmament. C'est une illusion provoquée par le fait que la planète où nous habitons tourne sur elle-même.

Commençons par notre voisine

Il n'est pas difficile de deviner que l'objet le plus brillant du ciel de nos nuits est la Lune, qui rayonne de la lumière qu'elle reçoit du Soleil. Quand la Lune est située, par rapport au Soleil, de l'autre côté de la Terre, sa face visible est entièrement éclairée. C'est ce qu'on appelle la phase de la pleine Lune. Une fois que la Lune est passée du même côté de la Terre que le Soleil, la face qu'elle nous présente est obscure. Seule peut faire exception, aussitôt après le coucher du Soleil, une mince frange éclairée en forme de croissant. De nuit en nuit, ce croissant s'épaissit, jusqu'à la pleine Lune, pour rétrécir ensuite tout aussi progressivement : c'est alors le retour de la nouvelle Lune. La Lune décrit un cercle complet autour de la Terre en un peu moins d'un mois. Pendant cette période se succèdent sous nos yeux ses différents visages, appelés phases.

?
● **Un observatoire préhistorique?**
L'absence d'instruments perfectionnés n'empêchait pas les hommes primitifs d'observer le ciel. Les alignements de pierres géantes dressées à Carnac en Bretagne, les cercles de Stonehenge, en Angleterre, aidaient peut-être nos ancêtres à viser les levers et les couchers du Soleil et de la Lune et peut-être même à prédire les éclipses.

▲ Une photo saisissante de la Lune, qui paraît écraser le paysage terrestre.

▶ Les phases de la Lune telles qu'elles se succèdent à mesure que la Lune parcourt son orbite autour de la Terre.

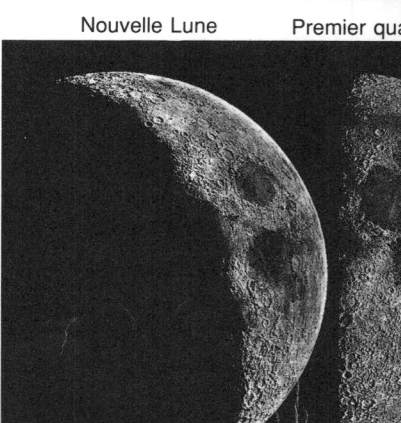

Nouvelle Lune   Premier qua

Lune gibbeuse   Pleine Lune   Lune gibbeuse   Dernier quartier   Vieille Lune

OUEST NORD

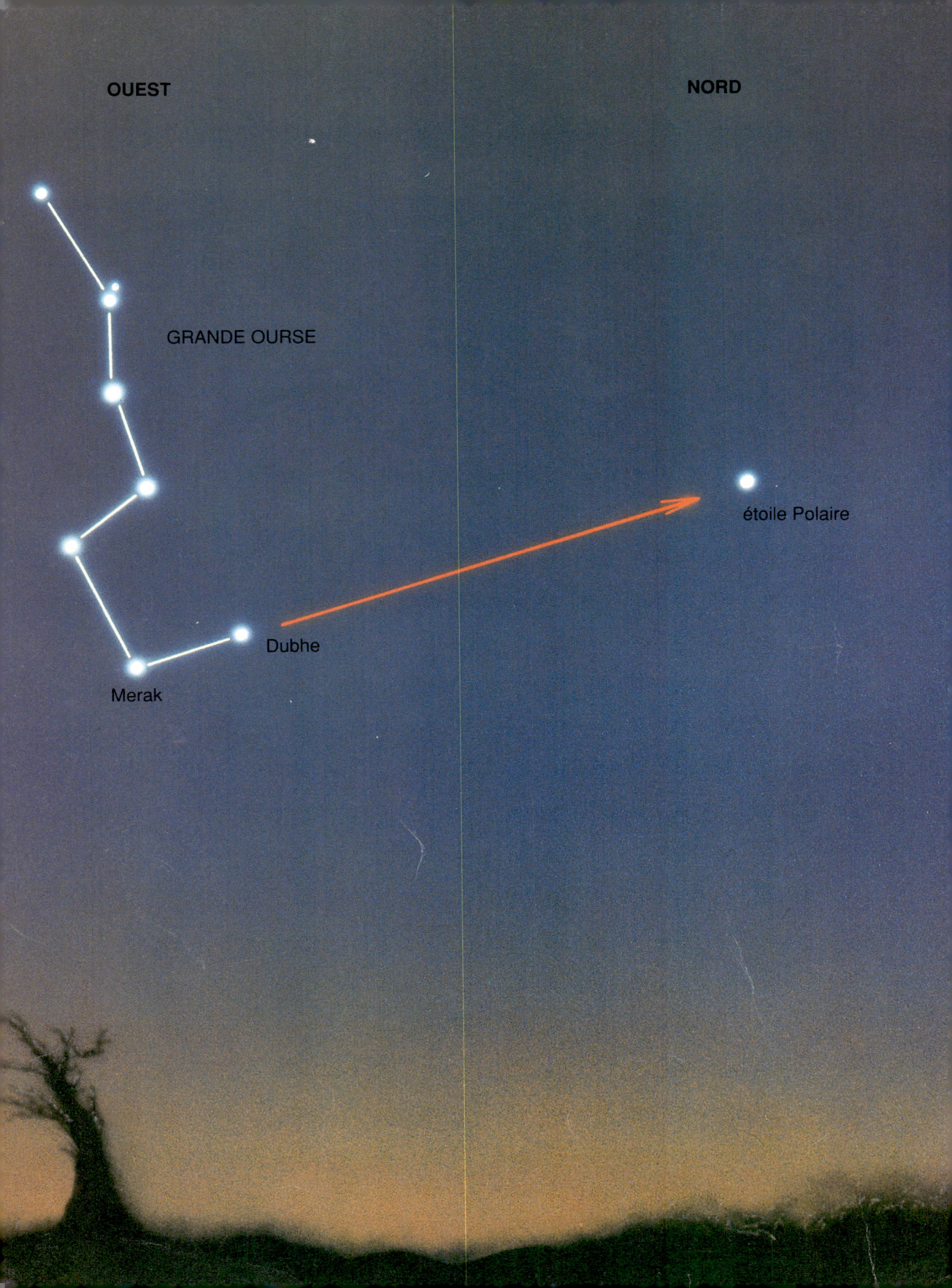

GRANDE OURSE

étoile Polaire

Dubhe

Merak

EST

CASSIOPÉE

Un décor pour chaque saison

Dans l'hémispère boréal (l'hémisphère Nord), certaines combinaisons d'étoiles, ou constellations, ne se couchent jamais.
Nous pouvons donc observer en permanence leur mouvement autour de l'étoile Polaire. Pareillement, dans l'hémisphère austral, il existe des étoiles qui tournent autour d'un point situé à l'opposé de la Polaire et signalé par la constellation de la Croix du Sud. Les habitants de l'hémisphère Nord ne peuvent les apercevoir. La principale constellation du ciel boréal est la Grande Ourse, avec ses sept étoiles dont la disposition évoque une casserole à long manche. D'autres peuples la désignent sous le nom de Grand Chariot, et les Anglais, à son propos, parlent de Louche! Si l'on prolonge la ligne qui relie les deux étoiles qui forment la paroi de la casserole opposée au manche, on rejoint la Polaire. Au-delà de celle-ci, on trouve cinq étoiles en W: c'est Cassiopée, qui porte le nom d'une reine de la mythologie.

◄ La Grande Ourse et Cassiopée sont bien visibles toute l'année dans l'hémisphère Nord.

▼ Si vous observez le ciel boréal à la même heure chaque nuit, vous aurez l'impression que la Grande Ourse et Cassiopée jouent à se poursuivre autour de la Polaire.

printemps   été   automne

Les étoiles du printemps

Pour bien utiliser les huit pages qui suivent, vous devez vous imaginer tourné vers le sud, le bas de chaque image face à vous, le milieu se recourbant au-dessus de votre tête et le haut allant rejoindre l'horizon derrière votre dos, droit au nord. L'ouest est donc à votre droite, et l'est à votre gauche.
C'est le printemps, et vous êtes en train de contempler le ciel. Droit au-dessus de vous se déploie la Grande Ourse. Suivez la direction du manche de la «casserole», et vous découvrirez la constellation du Bouvier que rehausse l'éclat de l'étoile Arcturus, l'une des plus brillantes du ciel printanier. Laissez encore descendre votre regard et vous apercevrez la constellation de la Vierge, qui possède elle aussi, avec Spica, une étoile d'une vive clarté. Plus à l'ouest, c'est-à-dire à votre droite, vous avez la constellation du Lion, où se détache tout particulièrement l'étoile Régulus.
La Vierge et le Lion sont deux des douze constellations du Zodiaque, qui marque la route suivie dans le ciel par le Soleil, la Lune et les planètes.

▶ Quand la Grande Ourse est au-dessus de nous, cherchez le Bouvier et l'éclatante Arcturus à l'est, la Vierge au sud et le Lion à l'ouest.

▼ Le zodiaque de Dendérah, conservé au Louvre, est une carte des étoiles qui remonte à l'ancienne Egypte.

étoile Polaire

GRANDE OURSE

BOUVIER

LION

Arcturus

Régulus

VIERGE

SUD OUEST

Spica

Les étoiles de l'été

L'une des constellations les plus faciles à repérer dans le ciel estival est celle du Sagittaire (nom qui signifie l'archer), dont la forme rappelle vaguement une théière. C'est dans le Sagittaire que la Voie lactée, sorte de bandeau d'un blanc laiteux qui barre tout le ciel, paraît la plus brillante. Avec un petit télescope, vous pouvez apercevoir au sein de la Voie lactée des quantités d'étoiles.
A l'ouest, donc à droite du Sagittaire, s'étend une constellation d'aspect recourbé : c'est celle du Scorpion, que signale la brillante Antarès. L'étoile Antarès est une géante rouge, dont la taille dépasse des centaines de fois celle du Soleil.
Au-dessus de vous, toujours en regardant le sud, vous avez, nettement au nord du Sagittaire la constellation de la Lyre, dont l'étoile la plus brillante est Véga, puis, plus à l'est, le Cygne, avec l'éclatante Deneb. A mi-chemin entre Deneb et le Sagittaire se situe Altaïr, étoile de la constellation de l'Aigle. Véga, Deneb et Altaïr sont disposées en triangle et portent le nom des «trois belles de l'été».

▶ La Lyre est en haut, avec le Cygne sur la gauche et l'Aigle en dessous. Plus loin en descendant vers le sud-est on trouve le Sagittaire et le Scorpion.

▼ Le Sagittaire (l'archer) décochant sa flèche.

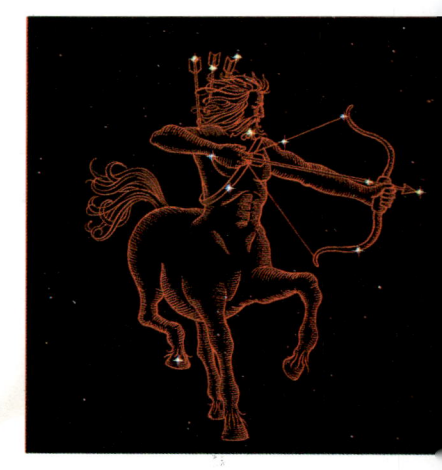

neb
CYGNE
Véga
LYRE
Altaïr
AIGLE
Antarès
SAGITTAIRE
SCORPION
EST
SUD
OUEST

Les étoiles de l'automne

Pégase, le cheval ailé, escalade le firmament, presque droit au-dessus de vous quand vous fixez le sud. Son corps est formé de quatre étoiles brillantes disposées en carré. Juste à côté, au nord-est, commence Andromède. D'après la mythologie, Andromède était la fille de Cassiopée, et elle avait été enchaînée sur un rocher pour être livrée à un monstre, quand, monté sur Pégase, Persée surgit, la délivra et l'épousa. Mais la célébrité de la constellation d'Andromède tient à une tache presque imperceptible, en son milieu.
Si nous braquons un télescope sur cette tache, nous verrons qu'il s'agit d'un formidable amas d'étoiles: la fameuse nébuleuse d'Andromède.
Au sud-est, on trouve la Baleine, qui comporte une étoile peu lumineuse, mais dont l'éclat est tantôt plus fort, tantôt plus faible. C'est ce qu'on appelle une étoile variable, et ces variations ont tellement frappé les astronomes qu'ils donnèrent à l'étoile le nom de Mira (l'Étonnante).

▶ Trois grandes constellations dominent le ciel automnal : ce sont Pégase, Andromède et la Baleine.

▼ Andromède contient l'objet le plus éloigné qui soit visible à l'œil nu : la galaxie M31 ou nébuleuse d'Andromède. Sa lumière met plus de deux millions d'années à nous parvenir.

❗ A quelle distance porte notre regard?

L'objet le plus éloigné que nous puissions apercevoir sans l'aide d'un télescope ou d'une lunette est la nébuleuse d'Andromède, qui nous apparaît comme une étoile terne et floue, mais qui est en réalité une galaxie, plus grande que la nôtre et située à 2,3 millions d'années-lumière. Un télescope, nous permet de voir beaucoup plus loin. Prenons, par exemple, le plus proche des quasars, à environ un milliard d'années-lumière de nous : on en a découvert d'autres qui sont dix-sept fois plus distants. Les astronomes pensent, d'ailleurs, que nous ne trouverons pas grand-chose au-delà.

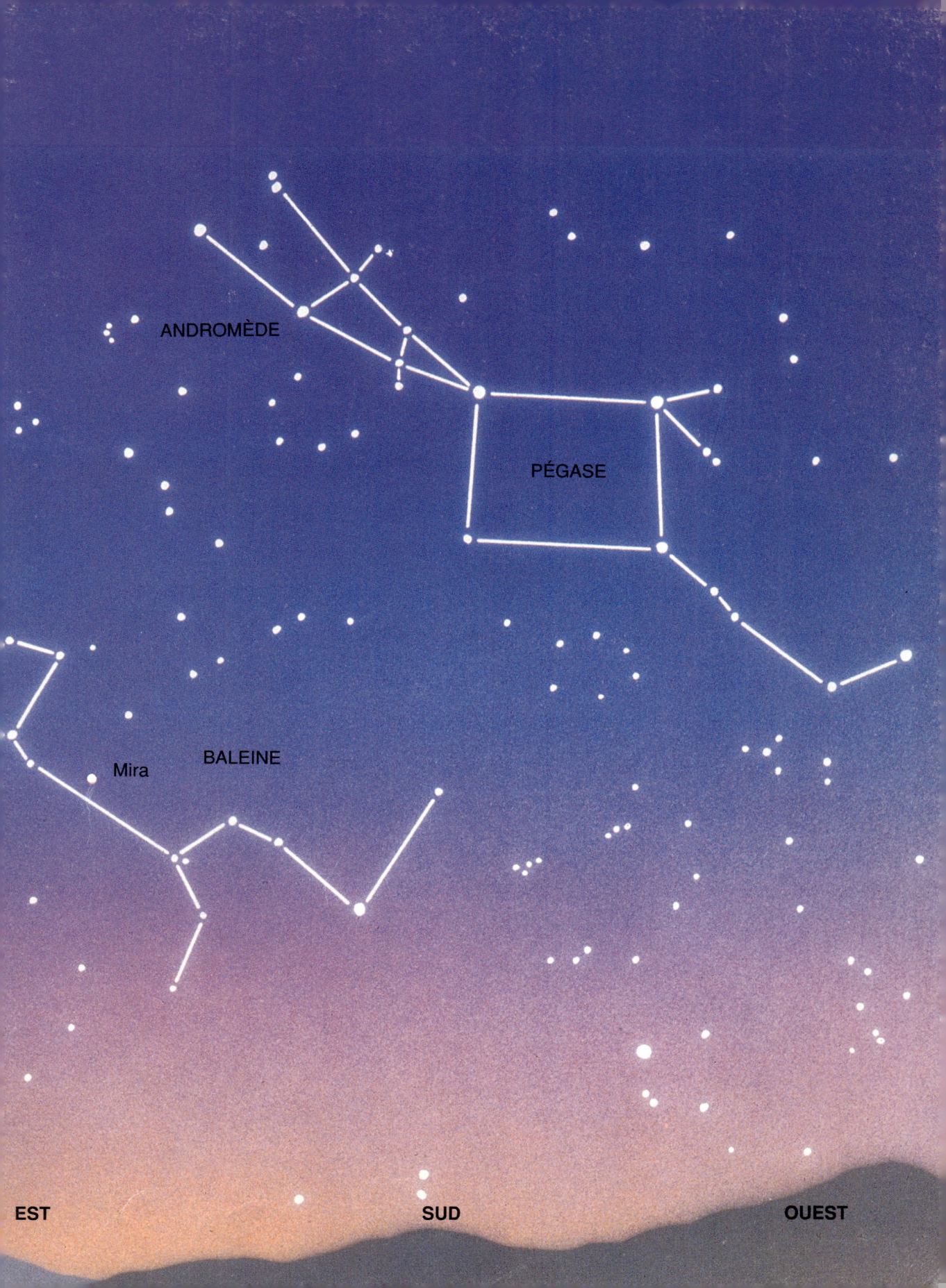

ANDROMÈDE

PÉGASE

Mira BALEINE

EST　　　　　　　　　　　SUD　　　　　　　　　　　OUEST

Les étoiles de l'hiver

C'est Orion le chasseur qui va nous guider dans le ciel glacé de l'hiver. Sur le bord nord-est de cette constellation (en haut à gauche, pour vous qui regardez le sud), se trouve l'énorme géante rouge Bételgeuse, tandis que son bord sud-ouest (en bas à droite) est signalé par Rigel, une étoile dont l'éclat surpasse 55 000 fois celui de notre Soleil. Ces deux astres étincelants sont reliés par une chaîne de trois étoiles, qui forment la Ceinture, ou Bouclier, d'Orion. Plus bas, une autre rangée d'étoiles constitue l'épée d'Orion. L'étoile située au milieu de l'épée est en fait un énorme nuage de gaz et de poussière dénommé nébuleuse d'Orion. La Ceinture d'Orion, si on la prolonge vers le bas et la gauche (direction sud-est) nous conduit à Sirius, dans le Grand Chien. Sirius est, après le Soleil, bien sûr, l'étoile la plus brillante de toutes celles que nous observons depuis la Terre. Du côté opposé à Sirius, la Ceinture d'Orion nous indique Aldébaran, l'étoile la plus remarquable du Taureau.

▶ Sirius éclaire vivement le ciel au sud-est. Orion et le Taureau, orientés pratiquement plein sud, se situent un peu plus haut.

▼ En prenant des jumelles, vous verrez que la deuxième des trois étoiles suspendues à la Ceinture d'Orion est floue et verdâtre. C'est en fait la nébuleuse d'Orion, un gigantesque nuage de gaz producteur d'étoiles.

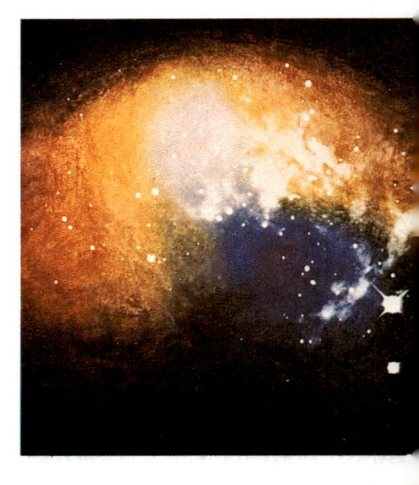

? Sirius a-t-elle changé de couleur ?

Dans des écrits d'auteurs anciens, Sirius nous est présentée comme une étoile rouge. Actuellement, nous la voyons d'un blanc éclatant. Est-il possible qu'elle ait déteint? Il convient de savoir que les Egyptiens se servaient de Sirius pour prévoir les inondations du Nil; ils guettaient pour cela le moment où le lever de l'étoile coïncidait avec celui du Soleil. A son lever, Sirius pouvait avoir une teinte rougeâtre, comme c'est le cas pour le Soleil, et les hommes ont ainsi associé Sirius à la couleur rouge. Ce n'est là, évidemment, qu'une hypothèse.

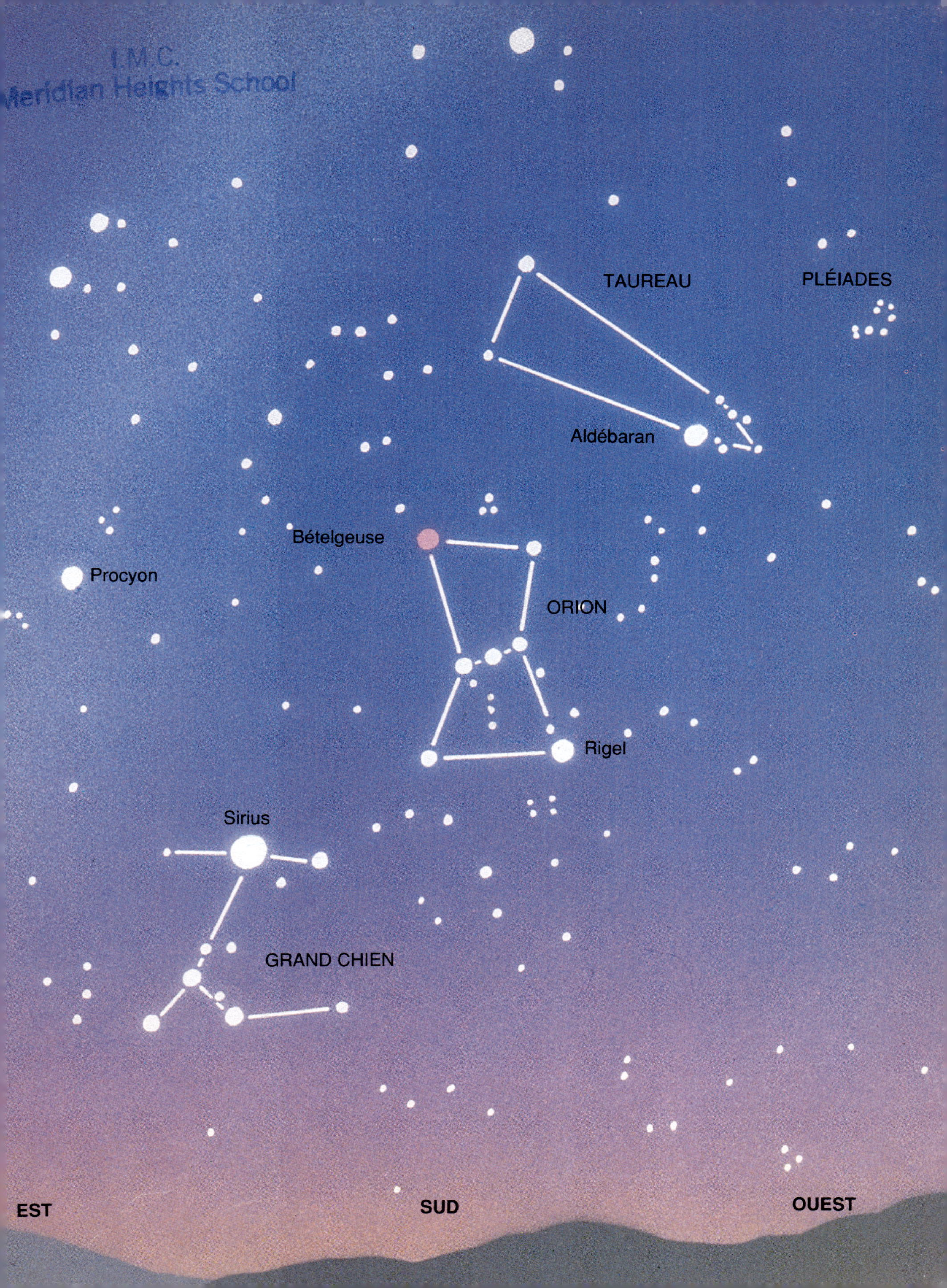
TAUREAU
PLÉIADES
Aldébaran
Bételgeuse
Procyon
ORION
Rigel
Sirius
GRAND CHIEN
EST
SUD
OUEST

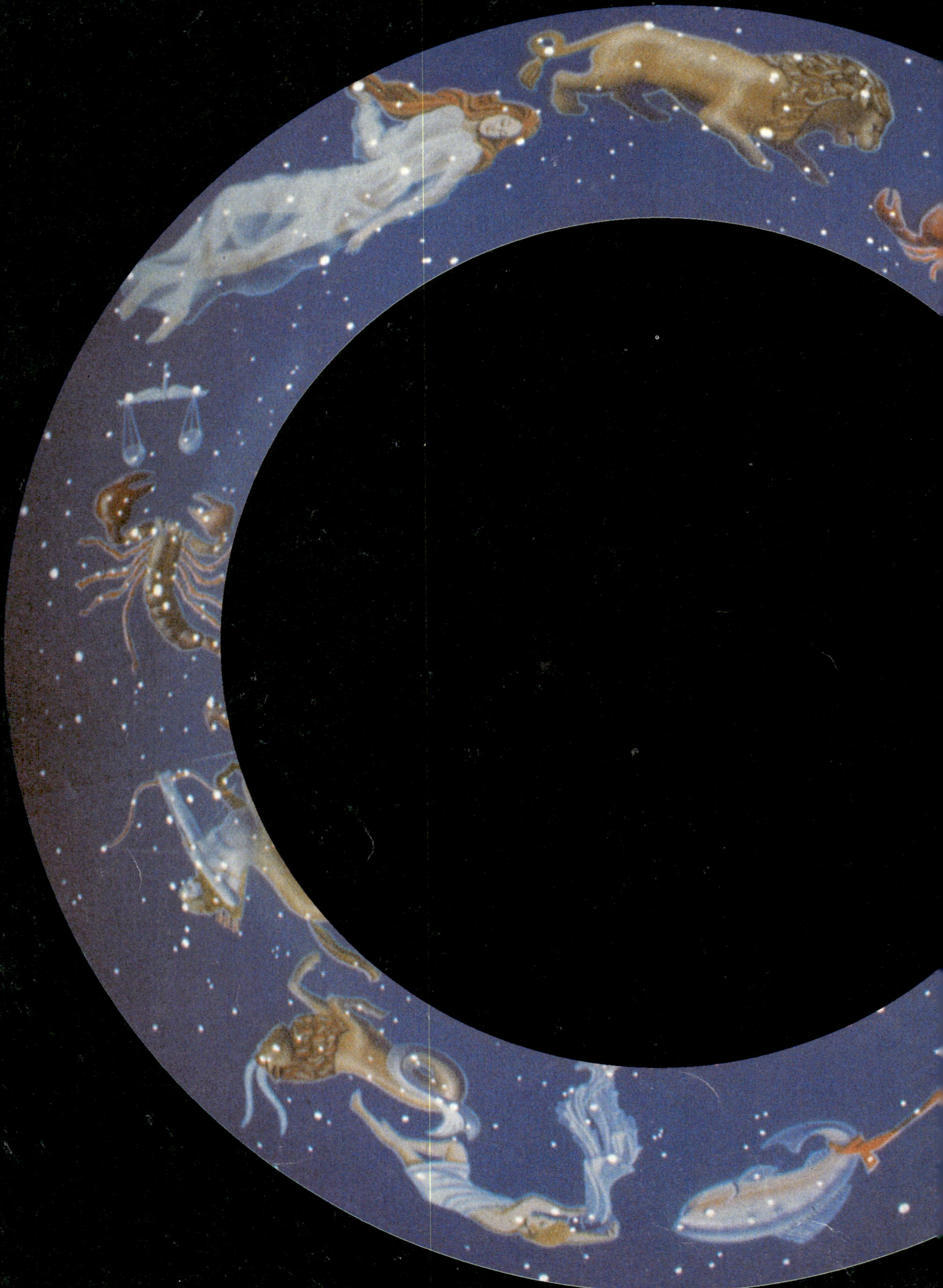

Les vagabonds du ciel

Il y a des corps célestes qui ne suivent pas le mouvement général des étoiles. La Lune, traversant successivement les douze constellations du Zodiaque, boucle sa trajectoire en un peu moins d'un mois. Le Soleil suit la même route, mais beaucoup plus lentement, puisqu'il passe un mois dans chaque constellation zodiacale et qu'il lui faut donc une année pour revenir à son point de départ. Cinq autres objets brillants, Mercure, Vénus, Mars, Jupiter et Saturne, se déplacent eux aussi dans les limites du Zodiaque, chacun à sa vitesse propre. Jupiter, par exemple, met près de douze ans pour parcourir le ciel, et Saturne plus de vingt-neuf.

◀ Les constellations zodiacales. En commençant par le haut et en avançant dans le sens des aiguilles d'une montre, nous reconnaissons successivement le Lion, le Cancer, les Gémeaux, le Taureau, le Bélier, les Poissons, le Verseau, le Capricorne, le Sagittaire, le Scorpion, la Balance et la Vierge.

▼ C'est la Terre qui tourne autour du Soleil, mais nous avons l'impression que ce dernier se déplace par rapport aux étoiles. Les constellations qu'il nous paraît ainsi traverser dans sa course constituent le Zodiaque.

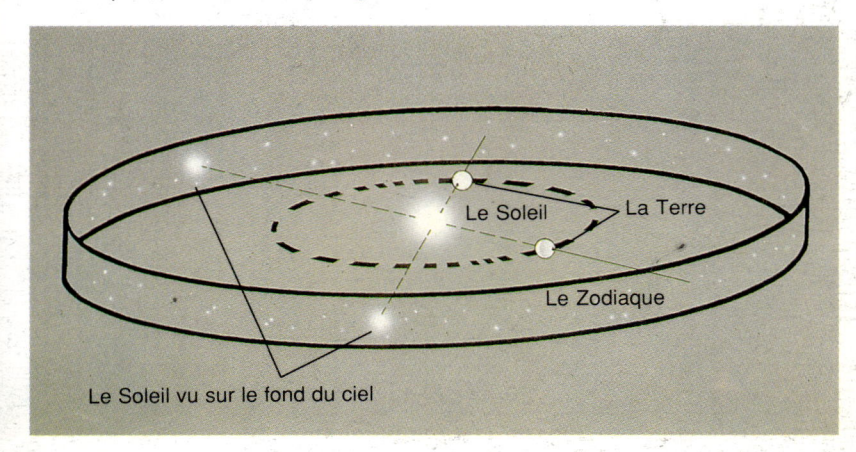

Vénus et Mercure

Vénus et Mercure sont plus proches du Soleil que nous. A cause de ce voisinage, nous ne pouvons les apercevoir durant la journée. Quand Vénus se couche après le Soleil, elle est l'astre du soir, qui brille dans l'ouest du firmament. A d'autres périodes, Vénus, placée de l'autre côté du Soleil, se lève avant lui et devient ainsi l'étoile du matin. Elle a aussi reçu le nom d'étoile du Berger. Mercure est encore plus près du Soleil, mais elle est plus sombre et donc plus difficile à distinguer. En regardant dans un télescope, vous verrez que Mercure et Vénus ont des phases, tout comme la Lune.

◄ Vénus, toute brillante, et Mercure, plus terne, dans les environs du croissant lunaire.

▼ Deux photos prises par des satellites. Sur celle de gauche, les nuages de Vénus réfléchissent la lumière solaire, ce qui rend la planète brillante. Sur celle de droite, Mercure, avec sa surface désolée et fortement cratérisée, se laisse moins facilement repérer.

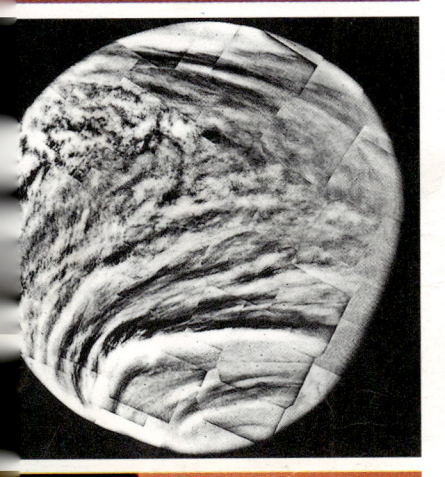

Les planètes externes

Mars, Jupiter et Saturne sont toutes les trois situées au-delà de la Terre. Elles peuvent nous apparaître dans le ciel de minuit. Comme nous voyons toujours leur surface éclairée, elles sont constamment, pour nous, en phase «pleine».
Mars se caractérise par sa teinte rougeâtre, Jupiter et Saturne par leur taille gigantesque. Au télescope, vous apercevez Jupiter comme une petite boule accompagnée de quatre gros satellites. Saturne possède un anneau étincelant de glace et de roches, et c'est l'un des plus spectacles les plus fascinants que nous offre le ciel.
Il existe d'autres planètes encore plus éloignées du Soleil. Ce sont Uranus, Neptune et Pluton. Il suffit d'un petit télescope pour détecter Uranus et Neptune. Pour Pluton, un instrument beaucoup plus puissant est nécessaire.

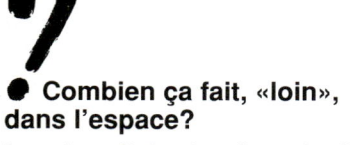

? Combien ça fait, «loin», dans l'espace?

La plus éloignée des planètes connues de notre système solaire est Pluton. A raison de 300 000 kilomètres à la seconde, la lumière venant de Pluton met environ cinq heures et demie à nous parvenir. L'étoile la plus proche de nous, Alpha du Centaure, est à une telle distance que la lumière qu'elle émet ne nous atteint qu'au bout de 4,3 années (près de quatre ans et quatre mois). Aussi disons-nous qu'elle se trouve à 4,3 années-lumière de distance. Les autres étoiles sont encore plus éloignées, et, d'un bout à l'autre de notre galaxie, la Voie lactée, il y a à peu près 100 000 années-lumière.

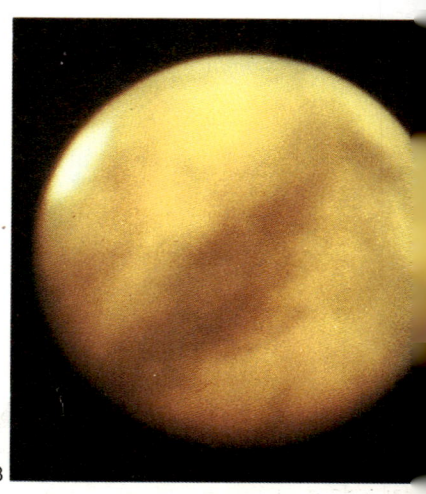

1. Saturne et sa ceinture d'anneaux.
2. Jupiter, la plus grosse planète connue.
3. Mars vu dans un grand télescope.

▶▶ Jupiter, en haut à droite, et Vénus sur le même cliché que la Lune en son premier quartier.

Du choix d'un instrument d'optique

Pour bien des observations une bonne paire de jumelles est parfaitement suffisante. Avec des jumelles, vous pouvez suivre les satellites artificiels, étudier le relief lunaire et examiner en détail les comètes. Avec un télescope, vous pouvez faire tout cela et bien d'autres choses encore.
Il existe les télescopes proprement dit, ou réflecteurs, et les lunettes, ou réfracteurs. Dans les premiers, la lumière est concentrée par des miroirs concaves, tandis que, dans les secondes, elle l'est par des lentilles.
Certains instruments sont équipés de moteurs qui les font tourner en même temps que le ciel, de filtres pour observer les éclipses, ou encore d'appareils photographiques spéciaux. De tels dispositifs coûtent cher et exigent un apprentissage complexe. Aussi, si vous avez décidé de faire l'acquisition d'un instrument d'astronomie, le mieux est-il de commencer par le plus simple.
Les sociétés et les clubs d'astronomie (voir les listes de la page 30) sont là pour vous conseiller.

Dans une lunette, ou réfracteur, c'est une grande lentille qui recueille la lumière et la fait converger sur le viseur.

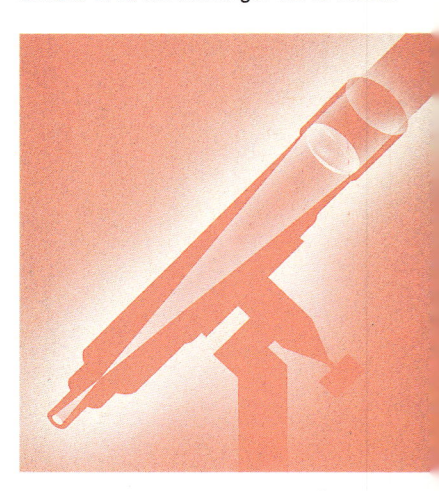

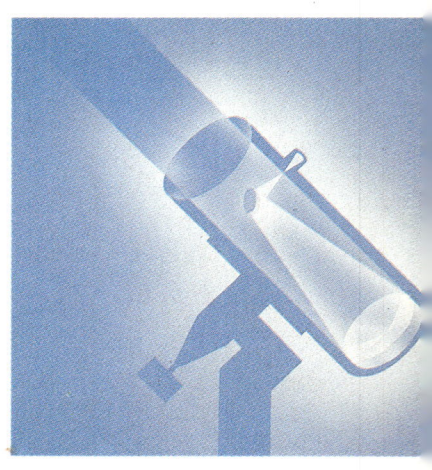

Dans un télescope, ou réflecteur, la lumière est envoyée par un grand miroir sur un miroir plus petit, qui, à son tour, la dirige sur le viseur.

!
● **Les plus petites étoiles sont aussi les plus massives**

Certaines étoiles, Bételgeuse par exemple, ont la taille de plusieurs centaines de Soleils. D'autres sont si ramassées qu'elles sont plus petites que notre Terre, mais elles contiennent néanmoins autant de matière que le Soleil. Comme elles sont chauffées à blanc, on les appelle des naines blanches. Et il y a encore plus petit. Si les particules qui composent le Soleil se rapprochaient au point de s'agglutiner, notre astre ne ferait plus que treize kilomètres de diamètre. De telles étoiles existent : ce sont les étoiles à neutrons.

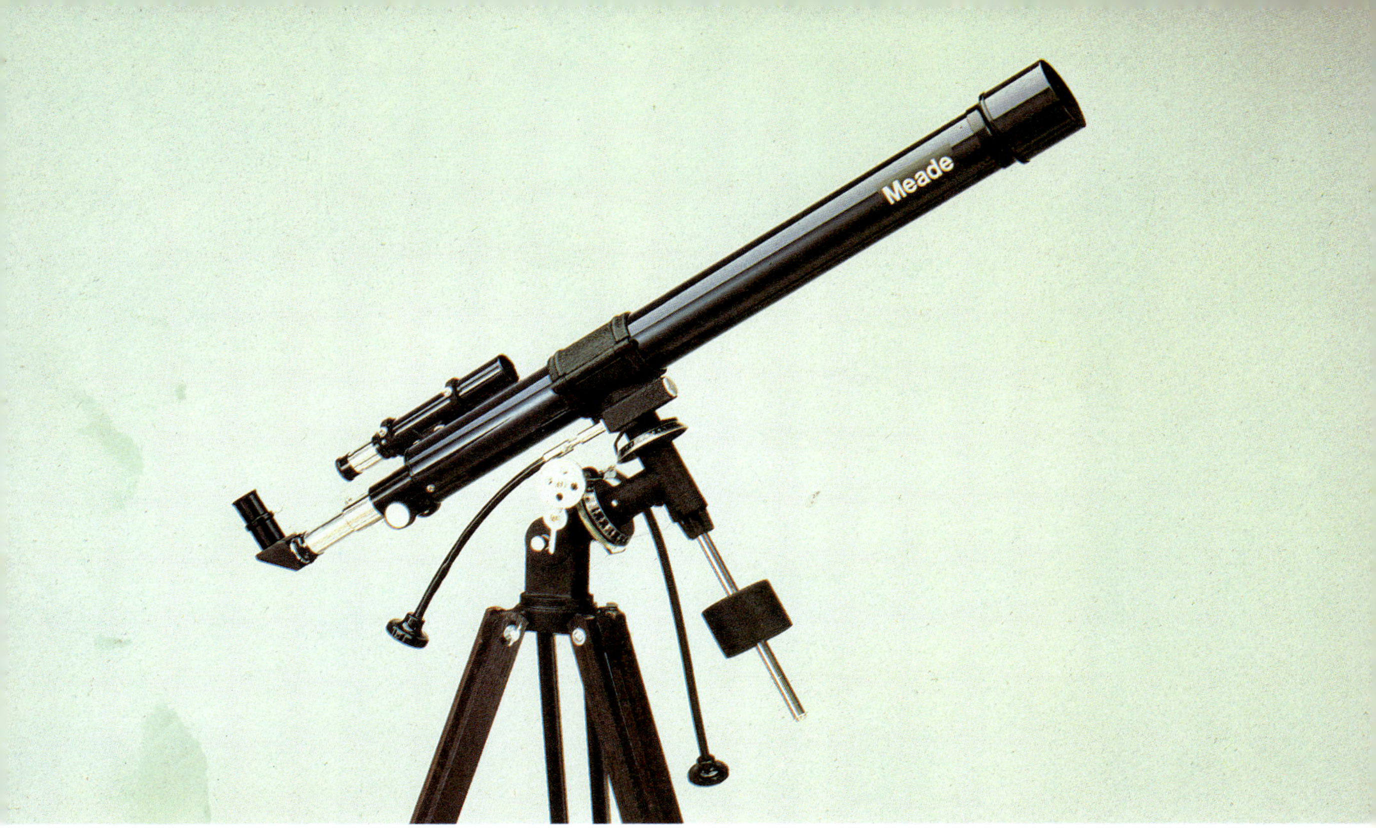
Meade

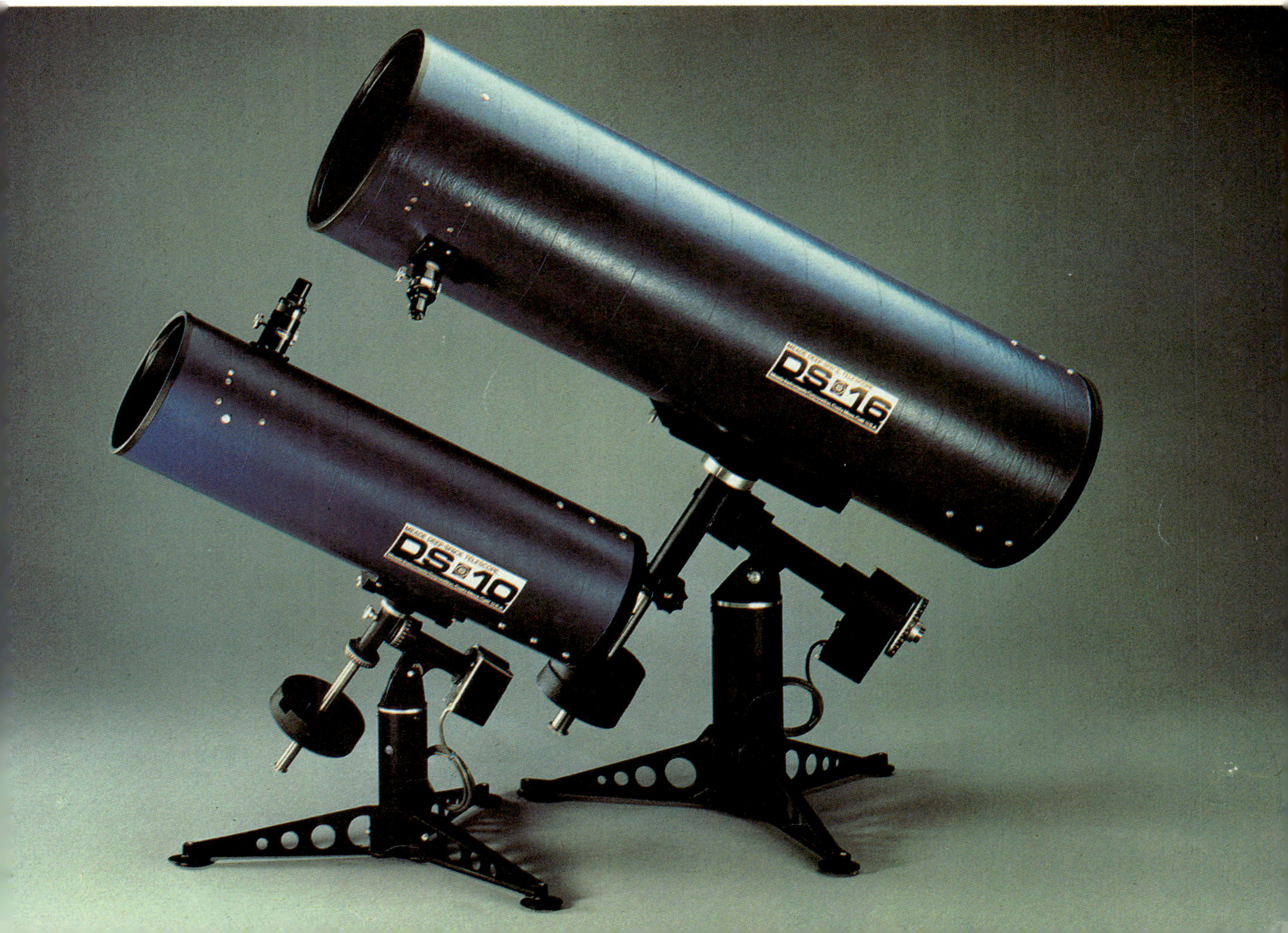
DS 16
DS 10

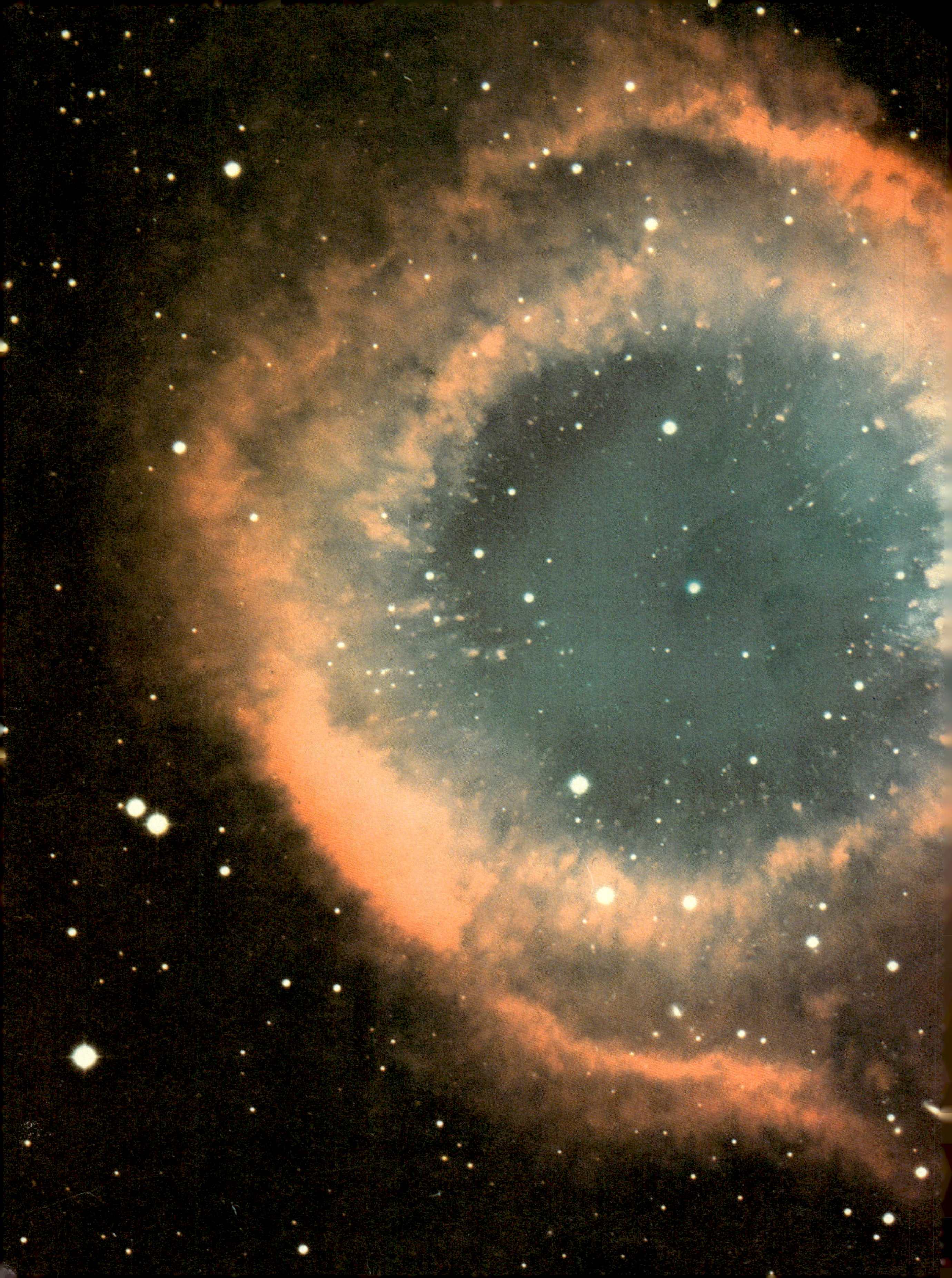

Toujours plus loin

Les étoiles que nous contemplons
à l'œil nu sont toutes à faible distance.
Avec un télescope, nous discernons des amas
qui regroupent chacun des milliers d'étoiles.
Le plus grand est situé dans la
constellation d'Hercule.
Le télescope va encore beaucoup plus loin.
Il nous révèle les galaxies, qui sont bien au-delà
des limites de la Voie lactée. La nébuleuse
d'Andromède est l'une des plus proches.
Certaines galaxies nous apparaissent comme
des nuages brumeux de forme ovale,
d'autres comme des disques renflés en leur
milieu; on les appelle alors des galaxies spirales.
Le plus simple des instruments d'optique vous
permettra déjà de vous faire une très bonne
idée de l'immensité de l'Univers.

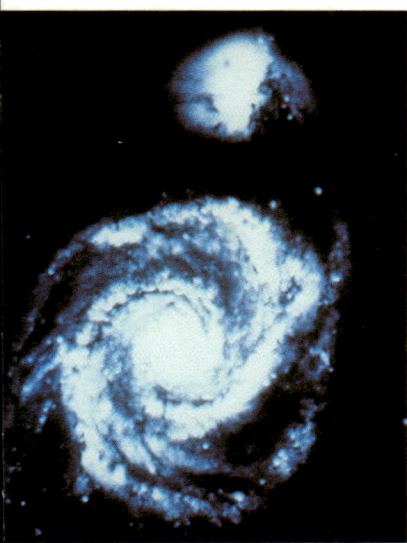

◄ Vue depuis la Terre, la galaxie spirale M51 ne ressemble-t-elle pas étonnament à une hélice?

◄◄ La nébuleuse Hélice est une mince enveloppe de gaz expulsée par une étoile vieillissante.

▼ La nébuleuse d'Andromède, notre voisine. Y a-t-il des astronomes qui, de là-bas, nous observeraient et verraient notre Voie lactée telle qu'elle était il y a plus de deux millions d'années?

● Les astronomes ne doivent pas toujours en croire leurs yeux

Les astronomes sont des hommes comme les autres. Il y a à peu près un siècle, l'un d'eux trouva à Saturne une petite lune que personne ne revit jamais par la suite. Etait-ce une erreur, ou un défaut du télescope? En 1937, un astéroïde fut aperçu en train de survoler la Terre à 800 000 kilomètres d'altitude. Plus personne n'en entendit jamais parler. Parfois, des astronomes dénotent de petites modifications de la surface de la Lune, qui est pourtant un astre mort. S'agit-il d'erreurs d'appréciation? Ou bien est-ce la Lune qui n'est pas tout à fait morte? L'Univers, de nos jours encore, contient bien des mystères.

Un coup d'œil sur l'hémisphère Sud

Beaucoup des constellations visibles dans l'hémisphère boréal ont reçu leur nom de dieux et de héros de la mythologie grecque, ou encore d'objets utilisés dans l'Antiquité. Comment les choses se sont-elles passées pour l'hémisphère Sud? Jusqu'au moment où les explorateurs ont eu besoin d'une carte du ciel austral pour naviguer la nuit, c'est-à-dire vers la fin du 16e siècle, les habitants des régions septentrionales ne se souciaient guère de la deuxième moitié de notre globe.
Aussi, quand les astronomes ont entrepris de donner des noms aux constellations de l'hémisphère Sud, au lieu de puiser dans les vieux mythes, ils se sont inspirés des animaux découverts par les navigateurs au cours de leurs voyages et des instruments qui leur servaient à se guider en pleine mer sur les étoiles. Nous avons reproduit ici les noms de quelques-unes des nombreuses constellations que l'on peut voir dans l'hémisphère austral. Quand les hommes vogueront un jour vers les planètes, étoiles et galaxies perdues dans les profondeurs du cosmos, les combinaisons d'étoiles qu'ils apercevront seront différentes des constellations que nous connaissons. Quels noms d'êtres ou de choses choisiront-ils alors pour les baptiser?

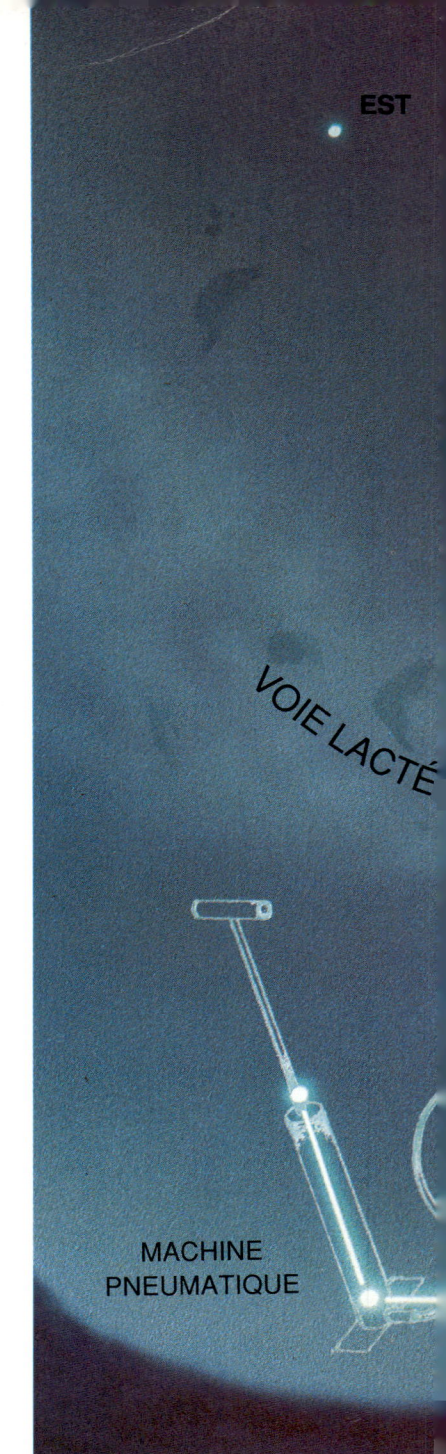

SUD **OUEST**

DORADE

TOUCAN

Petit Nuage de Magellan

Grand Nuage de Magellan

OISEAU DE PARADIS

TÉLESCOPE

Sac à Charbon

COMPAS

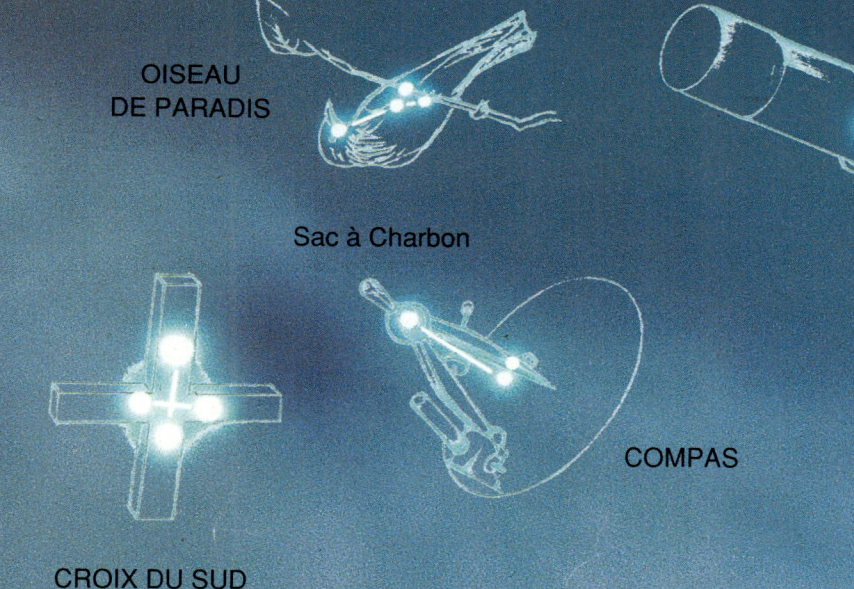

CROIX DU SUD

Nom de la constellation	Baptisée par	En
La Dorade Le Toucan L'Oiseau de Paradis	Johann Bayer (Allemagne)	1603
Le Compas L'Horloge La Machine pneumatique Le Télescope	Nicolas Louis de La Caille (France)	1750-1754

Sur cette vue du ciel de la moitié sud de la Terre, nous avons porté plusieurs des constellations répertoriées dans le tableau. Nous y avons également indiqué la Croix du Sud, qui est le principal point de repère pour trouver sa route dans cette partie du monde, le Petit Nuage de Magellan et le Grand Nuage de Magellan, qui sont deux petites galaxies voisines de la nôtre, le Sac à charbon, qui est une nébuleuse obscure, et une partie de notre nébuleuse à nous, la Voie lactée.

Que lire, que visiter, où se renseigner ?

Si ce volume vous a donné l'envie de scruter à votre tour les profondeurs célestes,

Lisez :
- *A l'affût des étoiles*, de Pierre Bourge et Jean Lacroux, chez Dunod
- *Apprendre à observer le ciel*, de Alain Cirou et François Davot, aux Editions Nathan-Poche (1988)
- *Atlas de l'Univers*, chez Robert Laffont (1979)
- *Guide de l'astronomie*, de James Muirden, chez Solar (1983)
- *Guide Explo de l'Astronomie*, de Philippe de La Cotardière, chez Hachette (1979) que vous consulterez dans une bibliothèque ou demanderez à votre libraire.

Allez visiter :
en France :
- le palais de la Découverte, à Paris, Grand Palais, métro Franklin-D.-Roosevelt ou Champs-Élysées Clemenceau ;
- la Cité des Sciences et de l'Industrie de la Villette, à Paris, métro Porte de la Villette ;
- l'observatoire le plus proche de votre localité. Pour connaître son adresse, écrivez à l'Observatoire de Paris, 61, avenue de l'Observatoire, 75014 Paris.

Et, si vous habitez le **Canada** :
- Planétorium Dow 1000 ouest, rue St-Jacques Montréal, Qc H3C 1G7 ;
- Ontario Science Centre, 770, Down Mills Road Toronto, Ontario M3C 1T3 ;
- Royal Ontario Museum, 100, Queen Park, Toronto, Ontario M5S 2C6 ;
- National Museum of Natural Sciences, Coin McLeod et Metcalfe Ottawa, Ontario K1P 6P4 ;

Si vous voulez connaître les **clubs d'astronomie** de votre région, adressez-vous aux associations suivantes :

en France :
- Association française d'astronomie, tél. (1) 45 89 81 44 ;
- Société astronomique de France , tél. (1) 42 24 13 74 ;

en Belgique :
- Cercle astronomique de Bruxelles (CAB), 43, rue du Coq, 1180 Bruxelles;
- Société astronomique de Liège (SAL) Institut d'astrophysique, avenue de Cointe 5 4200 Cointe-Liège, tél. 041/52 99 80 ;
- Société royale belge d'astronomie, de météorologie et de physique du globe (SRBA) Observatoire royal de Belgique, avenue Circulaire 3 1180 Bruxelles tél . 2/373 02 53

en Suisse :
- Société astronomique de Suisse (SAS), Hirtenhofstrasse 9, 6006 Lucerne ;
- Société vaudoise d'astronomie (SVA), chemin de Pierrefleur 22, 1004 Lausanne ;

au Québec :
- Société astronomique de Montréal, tél. (514) 453 0752.

Regardez :
Les émissions du Club ASTR3NAUTE, sur FR3. Pour les horaires :
Tél : (1) 46 22 52 72
Ce club vous est également accessible par Minitel : 3615, code FR3 AST.

Ecrivez :
- à l'Association française d'astronomie, 17 rue Émile-Deutsch-de-La-Meurthe, 75014 Paris.
Vous pouvez également expédier votre demande de renseignement à la boîte aux lettres du service SOSASTRO de l'Association française d'astronomie en faisant sur Minitel 3615, code AFA, puis en choisissant le service « Astronef » ;
- à la Société astronomique de France (SFA), 3, rue Beethoven, 75016 Paris.

Lexique

Astre :
Tout corps céleste naturel.

Astronomes :
Savants qui étudient les corps célestes.

Austral :
Qui se rapporte au sud. L'opposé est boréal.

Axe :
Ligne imaginaire qui passe par le centre d'une étoile ou d'une planète et autour duquel tourne celle-ci.

Boréal :
Qui se rapporte au nord. L'opposé est austral.

Constellation :
Groupement d'étoiles qui rappelle aux observateurs un être ou un objet familier dont le nom lui est en général donné.

Éclipse :
Passage d'un corps céleste dans le cône d'ombre d'un autre. Durant une éclipse solaire, certaines régions de la Terre se trouvent dans l'ombre de la Lune et cessent de recevoir pour quelque temps la lumière du Soleil.

Filtre :
Dispositif que l'on fixe sur un télescope pour éliminer les reflets et protéger les yeux contre une lumière trop intense.

Firmament :
Le ciel, la voûte céleste.

Galaxie :
Vaste ensemble d'étoiles, d'astres accompagnant ces étoiles, de gaz et de poussière. Une galaxie peut compter jusqu'à dix milliards d'étoiles. Celle où nous nous trouvons s'appelle la Voie lactée.

Gaz carbonique :
Gaz lourd et incolore qui constitue 95 % de l'atmosphère martienne. L'homme et les animaux dégagent du gaz carbonique quand ils respirent.

Géante rouge :
Etoile qui prend des dimensions gigantesques après avoir brûlé presque tout son hydrogène et que l'excès de chaleur fait se dilater. Ses couches extérieures, en s'éloignant, se refroidissent et prennent une coloration rouge.

Gibbeux :
La Lune est qualifiée de gibbeuse quand plus de la moitié de sa face visible est éclairée par le soleil.

Hémisphère :
Chacune des deux moitié de la Terre, situées respectivement au nord et au sud de l'équateur.

Naine blanche :
Petit objet chauffé à blanc qui survit à l'effondrement sur elle-même d'une étoile semblable à notre Soleil.

Phases :
Etats différents d'éclairement d'un corps du système solaire par le Soleil.

Pulsar :
Etoile à neutrons qui émet des impulsions rapides de lumière ou d'ondes électriques.

Quasar :
Objet d'aspect stellaire qui occupe le centre d'une galaxie et qui peut avoir un grand trou noir en son milieu.

Rotation :
Mouvement d'un corps céleste qui tourne autour de son axe.

Satellite :
Corps céleste plus petit tournant autour d'un autre plus gros. La Lune est un satellite naturel de la Terre. Spoutnik 1 et 2 ont été les premiers satellites artificiels de la Terre.

Univers :
Ensemble de tout ce dont nous connaissons ou supposons l'existence.

Voie lactée :
Nom de notre Galaxie

Zodiaque:
Echarpe de constellations qui ceinture le ciel et contient les trajectoires du Soleil, de la Lune, de Mercure, Vénus, Mars, Jupiter et Saturne.

Crédits photo : page de couverture : © Frank Zullo ; p.4/5 : © Anglo-Australian Telescope Board, David Malin 1980 ; p.6/7, haut : © Frank Zullo, bas : Lick Observatory Photographs ; p.8/9 : © Julian Baum 1988 ; p. 10 haut : photograph courtesy of Julian Baum ; p.10 bas et 11 : © Julian Baum 1988, p.12 haut : Science Photo Library ; p.12 bas et 13 : © Julian Baum 1988 ; p.14 haut : National Optical Astronomy Observatories ; p.14 bas et 15 : © Julian Baum 1988 ; p.16 haut : NASA ; p. 16 bas et 17 : Julian Baum 1988 ; p. 18/19 : © Brad Greenwood, courtesy of Hansen Planetarium ; p. 19 : ©Matthew Groshek ; p. 20/21 : © Frank Zullo ; p. 21, gauche : Jet Propulsion Laboratory, droite : NASA ; p.22, haut et milieu : NASA, bas : © California Institute of Technology 1965 ; p.23 : © Frank Zullo ; p.24 haut et bas : © Matthew Groshek ; p.25 haut et bas : Meade Instruments ; p. 26/27 : © Anglo-Australian Telescope Board, David Malin 1979 ; p.27, haut : NASA, bas : © California Institute of Technology 1959 ; p.28/29 : Julian Baum and Matthew Groshek 1988.

Isaac Asimov

Né en 1920 en Russie, Isaac Asimov a suivi très jeune ses parents aux États-Unis, où il a fait des études de biochimiste avant de devenir l'un des écrivains les plus féconds de notre siècle. On lui doit plus de quatre cents titres publiés dans des domaines aussi différents que la science, l'histoire, la théorie du langage, les romans fantastiques et de science-fiction. Sa brillante imagination et sa vaste érudition ont su lui gagner l'attachement de ses lecteurs, enfants comme adultes. Il a obtenu le prix Hugo de la science-fiction et le prix Westinghouse de l'Association américaine attribué à des ouvrages scientifiques. Il est surprenant de constater que de nombreuses anticipations d'Isaac Asimov se sont révélées prémonitoires. Et c'est là une des raisons de l'attrait qu'exercent ses textes.

Isaac Asimov a déjà beaucoup écrit pour les jeunes et son intérêt pour la littérature de jeunesse ne fait que croître avec les années. Passionné à traquer le savoir, il cherche à faire partager ses découvertes, à les redire avec ses mots à lui, en les rendant plus accessibles, plus facilement compréhensibles. Il possède de remarquables talents de pédagogue : sa plume, quand il traite de la science, est animée d'un tel enthousiasme pour son sujet qu'on ne peut s'empêcher de le partager. Mais Isaac Asimov ne se contente pas de transmettre des connaissances, il est profondément préoccupé par les conséquences que peut avoir la science sur le destin de l'homme.

" Mon message, c'est que vous vous souveniez toujours que la science, si elle est bien orientée, est capable de résoudre les graves problèmes qui se posent à nous aujourd'hui. Et qu'elle peut aussi bien, si l'on en fait un mauvais usage, anéantir l'humanité. La mission des jeunes, c'est d'acquérir les connaissances qui leur permettront de peser sur l'utilisation qui en est faite."

Isaac Asimov

Titres parus :
Les astéroïdes
Les comètes
ont-elles tué les dinosaures ?
Fusées, satellites et sondes spatiales
Guide pour observer le ciel
La Lune
Mars, notre mystérieuse voisine
Notre système solaire
Notre Voie lactée
et les autres galaxies
Pulsars, quasars et trous noirs
Saturne et sa parure d'anneaux
Le Soleil
Uranus : la planète couchée

A paraître :
La Terre : notre base de départ
Y-a-t-il de la vie
sur les autres planètes ?
Comment est né l'Univers ?
Mercure : la planète tranquille
Les objets volants non identifiés
Les astronomes d'autrefois
Vie et mort des étoiles
Jupiter : la géante tachetée
Science-fiction et faits de science
Les déchets cosmiques
Pluton : une planète double
La colonisation
des planètes et des étoiles
Comètes et météores
La mythologie et l'Univers
Vols spatiaux habités
Neptune : la planète glacée
Vénus : un mystère bien enveloppé
Les programmes
spatiaux dans le monde
L'astronomie aujourd'hui
Le génie astronomique

La Bibliothèque de l'Univers

On comprend qu'avec de telles préoccupations, Isaac Asimov ait été amené à s'intéresser à l'espace, où se trouvent les clés de l'apparition et du maintien de la vie sur la Terre. Le cosmos a tout particulièrement inspiré les œuvres d'imagination d'Asimov, mais ce dernier lui a également consacré des études d'un niveau élevé.

Et voici que maintenant, Isaac Asimov s'est attelé à la rédaction d'une véritable Bibliothèque de l'Univers, source d'informations unique en son genre, qui englobe à la fois le passé, le présent et l'avenir. Pendant des mois de préparation, l'auteur s'est interrogé sur ce que sera l'espace quand nos enfants auront grandi. Ils seront témoins de l'établissement d'une station spatiale, de la lente mise en route d'exploitations minières sur le sol de la Lune. Ils suivront peut-être le vol d'une équipe mixte USA/URSS vers Mars.

La passion d'Asimov à «enseigner l'espace» n'est pas une fin en soi. *«Plus il y aura d'êtres humains captivés par la science, écrit-il, et plus notre société sera en sécurité.»*

Isaac Asimov
guide pour
observer le ciel
bibliothèque de l'univers